BEI GRIN MACHT SICH IHR WISSEN BEZAHLT

- Wir veröffentlichen Ihre Hausarbeit, Bachelor- und Masterarbeit

- Ihr eigenes eBook und Buch - weltweit in allen wichtigen Shops

- Verdienen Sie an jedem Verkauf

Jetzt bei www.GRIN.com hochladen
und kostenlos publizieren

Mario Müller

Das globale Problem der Trinkwasserknappheit und das Beispiel der Megastadt Bangkok

GRIN Verlag

Bibliografische Information der Deutschen Nationalbibliothek:

Die Deutsche Bibliothek verzeichnet diese Publikation in der Deutschen National-
bibliografie; detaillierte bibliografische Daten sind im Internet über http://dnb.d-
nb.de/ abrufbar.

Impressum:

Copyright © 2002 GRIN Verlag GmbH
Druck und Bindung: Books on Demand GmbH, Norderstedt Germany
ISBN: 978-3-638-75043-1

Dieses Buch bei GRIN:

http://www.grin.com/de/e-book/44150/das-globale-problem-der-trinkwasserknapp-
heit-und-das-beispiel-der-megastadt

GRIN - Your knowledge has value

Der GRIN Verlag publiziert seit 1998 wissenschaftliche Arbeiten von Studenten, Hochschullehrern und anderen Akademikern als eBook und gedrucktes Buch. Die Verlagswebsite www.grin.com ist die ideale Plattform zur Veröffentlichung von Hausarbeiten, Abschlussarbeiten, wissenschaftlichen Aufsätzen, Dissertationen und Fachbüchern.

Besuchen Sie uns im Internet:

http://www.grin.com/

http://www.facebook.com/grincom

http://www.twitter.com/grin_com

Universität Erfurt
Philosophische Fakultät
Studium Fundamentale
Seminar: „Globaler Wandel - Ursachenkomplexe und Lösungsansätze"
Sommersemester 2002

DAS GLOBALE PROBLEM DER TRINKWASSERKNAPPHEIT
UND DAS BEISPIEL DER MEGASTADT BANGKOK

vorgelegt am 30.7.2002

von Mario Müller

4. Fachsemester, KW / GW

Inhalt

1. Einleitung

Wasser ist das wichtigste Element der Erde. Jedes Lebewesen benötigt Wasser, und wo die Ressource Wasser knapp wird, wird das Überleben erschwert.

Nur eine geringe Menge der auf dem „Blauen Planeten" verfügbaren Wasservorkommen ist als Trinkwasser zu gebrauchen. Der überwiegende Teil ist Salzwasser, die nahezu unerschöpflich scheinenden Meerwasservorräte sind für die Tier- und Pflanzenwelt mehrheitlich nicht nutzbar.

Vor dem Hintergrund eines konstanten Süßwasserkreislaufs erwachsen mit dem stetigen globalen Bevölkerungsanstieg immer größere Probleme bei der Versorgung der Menschen mit ausreichend Trinkwasser. Während es Regionen gibt, in denen auch in absehbarer Zeit keinerlei Trinkwassermangel herrschen wird, steigt die Zahl der Gebiete mit Versorgungsengpässen immer weiter an. Laut Bundesumweltministerium hatten im Jahre 2001 1,2 Milliarden Menschen keinen Zugang zu ausreichendem und sauberem Trinkwasser.[1]

Obwohl sich bereits 1992 auf der UN-Konferenz über Umwelt und Entwicklung in Rio de Janeiro Politiker aus 178 Staaten auf das gemeinsame Ziel einer „gesicherten Bereitstellung von Wasser in angemessener Menge und guter Qualität für die gesamte Weltbevölkerung"[2] geeinigt haben, kommt die Diskussion über Strategien und Ansätze zur Bekämpfung der weltweiten Trinkwasserverknappung erst seit der Jahrtausendwende in die Gänge und rückt somit auch verstärkt ins öffentliche Bewusstsein.

Die vorliegende Hausarbeit wird aus diesem Grunde nicht nur die generelle Problematik des globalen Trinkwassermangels und die daraus resultierenden Folgen in der nahen Zukunft vorstellen, sondern auch Lösungsansätze aufzeigen.

Neben den vielleicht naheliegenden Problemgebieten in Afrika scheint es mir wichtig, auch auf die Situation in den sogenannten „Megastädten" hinzuweisen, da sich hier, bedingt durch überdurchschnittlichen Bevölkerungszuwachs und den Trend der Abwanderung in die Städte, neue infrastrukturelle Schwierigkeiten ergeben, insbesondere bei der Wasserversorgung. Dies werde ich am Beispiel der Stadt Bangkok genauer erläutern.

Die literarische Quellensituation orientiert sich weitgehend an der Entwicklung des Problembewusstseins bezüglich der Thematik, d.h. erst im Laufe der 1990er Jahre sind

---

[1] vgl. http://www.morgenweb.de/archiv/2001/12/04/politik/20011204_04_r310000014_33701.html (Datum: 20.7.2002)
[2] „Agenda 21", zit. nach ENGELMAN, ROBERT, DYE, BONNIE und LEROY, PAMELA, Mensch, Wasser! Report über die Entwicklung der Weltbevölkerung und die Zukunft der Wasservorräte, 2. aktualisierte und überarbeitete Auflage, Stuttgart 2000, S. 60.

verstärkt Publikationen erschienen, die sich mit globaler Wasserverknappung beschäftigen. Als Grundlage meiner Darstellungen dient das Buch „Mensch, Wasser!" von Robert Engelman, Bonnie Dye und Pamela LeRoy aus dem Jahre 2000, ergänzt durch weitere Literatur und aktuelle Internet-Quellen.

2. Die Trinkwasservorkommen der Erde

2.1 Ressourcen und Wasserkreislauf

Von den rund 1,39 Milliarden Kubikkilometern Wasser[3], das sich insgesamt in flüssiger, fester oder gasiger Form auf, unter oder um die Erde herum befindet, sind nur 3,5 % Süßwasser. Davon wiederum existieren 69 % als Gletscher und ewiges Eis, 30 % als sauberes Grundwasser, 0,9 % als Feuchtigkeit im Boden bzw. im Permafrostboden und 0,3 % als Süßwasser in Flüssen und Seen[4].

Durch die Sonneneinstrahlung verdunstet Wasser auf der Erde aus den Meeren, von Landflächen, Flüssen, Seen und bebauten Gebieten. Aber auch von Pflanzen aufgenommenes Wasser wird durch Transpiration wieder an die Atmosphäre abgegeben. Hier sammelt es sich, bildet Wolken und wird teilweise durch Luftströmungen weit vom ursprünglichen Verdunstungsort weg transportiert. Hat die Wasserkonzentration in der Atmosphäre ein bestimmtes Niveau erreicht, entladen sich die Wolken, der Aggregatzustand ändert sich, das Wasser kondensiert und fällt als Niederschlag wieder ins Meer oder auf das Festland. Hier speist ein Teil Seen und Flüsse, die wieder ins Meer abfließen, und ein anderer Teil verdunstet direkt wieder[5].

Pro Jahr stehen durch den Wasserkreislauf weltweit etwa 47.000 Kubikkilometer Wasser zur Verfügung.[6]

2.2 Nutzung

Neben der unabdingbaren Notwendigkeit von Wasser für physiologische Prozesse aller Lebewesen, dessen Nutzung als Lebensraum und seiner Regelungsfunktionen für den

---

[3] vgl. NACE 1964 in STRAHLER, A.N., Physical Geography, New York ³1969, zit. nach: MARCINEK, JOACHIM und ROSENKRANZ, ERHARD, Das Wasser der Erde. Eine geographische Meeres- und Gewässerkunde, 2., überarbeitete und erweiterte Auflage, Gotha 1996, S. 31.
[4] vgl. SHIKLOMANOV, IGOR, World Fresh Water Resources, in: GLEICK, PETER H. (Hg.), Water in Crisis: A Guide to the World`s Fresh Water Resources, New York 1993, S. 13
[5] vgl. MARCINEK und ROSENKRANZ 1996, S. 42
[6] vgl. SHIKLOMANOV 1993, S. 15

Energie- und Stoffhaushalt der Erde hat insbesondere Süßwasser zahlreiche weitere Funktionen für den Menschen.

Der weltweit größte Wasserverbraucher ist die Landwirtschaft mit 71 %, gefolgt von der Industrie und der Energiewirtschaft mit 23 %. Von privaten Haushalten werden nur etwa 8 % benötigt, wobei hier der Lebensstandard eine entscheidende Rolle spielt. Während zum Beispiel ein Einwohner Benins mit ca. 4 Litern Wasser pro Tag leben muss, verbraucht ein US-Bürger durchschnittlich ca. 650 Liter Wasser pro Tag.

In Ländern, in denen landwirtschaftliche Flächen weniger intensiv bewässert werden müssen bzw. deren Industrie noch nicht sehr weit entwickelt ist, wird entsprechend prozentual mehr Wasser in Privathaushalten verbraucht, was in Australien, Gabun oder Lettland beispielsweise 60 % ausmacht.

Die Wassernutzung ist also regional sehr unterschiedlich und von Klima, Bevölkerungsdichte und wirtschaftlicher Entwicklung eines Landes abhängig. Industriell wird Wasser u.a. zur Kühlung (vor allem von Kraftwerken), Verarbeitung, Reinigung und Abfallbeseitigung genutzt und „verbraucht", was bedeutet, dass entweder sein Aggregatzustand verändert wird oder seine Eigenschaften durch Mischung mit anderen anorganischen oder organischen Stoffen qualitativ verändert werden. [7]

Eine weitere Nutzung durch den Menschen erfährt Wasser als Transportmittel für Schiffe sowie als Träger kinetischer Energie in Wasserkraftwerken. Bei beiden Anwendungen werden weder der Aggregatzustand noch die Qualität des Wassers verändert. [8]

2.3   Gewinnung

Während Trinkwasser im antiken Rom noch in vom Regen gespeisten Zisternen gesammelt wurde, werden heute üblicherweise unterirdische Grundwasservorräte oder Flüsse und Seen durch Pumpen angezapft. Dabei erweitert sich die Tiefe des Brunnens bzw. die Länge der Fernwasserversorgungsleitung, je größer die Bevölkerungsdichte ist. Selbst in Deutschland, wo eigentlich kein Wassermangel herrscht, muss eine Stadt wie Stuttgart mit Wasser aus dem fernen Bodensee versorgt werden, da das Wasseraufkommen in der näheren Umgebung offenbar nicht ausreicht. [9]

In Regionen, in denen weder durch Grundwasser noch durch Flüsse oder Seen eine ausreichende Versorgung mit Trinkwasser gewährleistet werden kann, erscheint

---

[7] vgl. ENGELMANN, DYE, LEROY 2000, S. 18-20

[8] vgl. WISSENSCHAFTLICHER BEIRAT DER BUNDESREGIERUNG GLOBALE UMWELTVERÄNDERUNGEN, Welt im Wandel: Wege zu einem nachhaltigen Umgang mit Süßwasser. Jahresgutachten 1997, Berlin Heidelberg 1998, S. 49.

[9] vgl. http://www.stgt.com/brunnen/wasserd.htm (Datum: 22.7.2002)

womöglich die Errichtung von Meerwasserentsalzungsanlagen als Ausweg. Da die Gewinnung von Trinkwasser aus dem Meer jedoch sehr aufwendig und teuer ist, einen Zugang zum Meer erfordert und überwiegend mit fossilen Brennstoffen betrieben wird, welche nur begrenzt vorhanden sind und die Luft belasten, ist dies keine wirkliche Alternative. Nur wenige Staaten wie z.b. Kuwait können sich diese Kosten leisten und angesichts des rasanten Bevölkerungswachstums von knapp 1,3 % pro Jahr sind Entsalzungsanlagen auch in Zukunft kein Ersatz für eine effizientere Nutzung der bereits vorhandenen Wasservorräte.[10]

3.   Das Problem der Wasserknappheit

3.1   Globale und regionale Ursachen und ihre Folgen

3.1.1 Wann spricht man von „Wassermangel"?

Um generell aussagen zu können, wann in einem Land Wassermangel herrscht und wann nicht, musste ein Index entwickelt werden, der einen bestimmten Grenzwert festlegt. Der von der Weltbank und anderen internationalen Einrichtungen anerkannte Grenzwert von 1000 Kubikmetern Wasser pro Kopf und Jahr wurde von der schwedischen Hydrologin Malin Falkenmark errechnet.

Sie geht davon aus, dass in einem Land, in dem pro Jahr und Kopf mehr als 1700 Kubikmeter sich erneuerndes Trinkwasser zur Verfügung stehen, lediglich lokale Probleme auftreten. Unterhalb dieser Marke seien mit (un-)regelmäßigen Knappheiten zu rechnen, während unter der 1000-Kubikmeter-Grenze chronischer Wassermangel herrsche, welcher sowohl wirtschaftliche als auch gesundheitliche Schäden mit sich bringen kann. Jedoch handelt es sich hierbei nur um Grenzwerte, deren Über- oder Unterschreitung nicht direkt positive oder negative Folgen haben muss. Während das verhältnismäßig wohlhabende Land Israel z.B. mit nur 407 Kubikmeter Trinkwasser pro Jahr und Kopf auskommt, herrscht in einigen wasserreicheren Ländern ob höheren Verbrauchs durchaus auch regionaler Wassermangel.[11]

---

[10] vgl. ENGELMANN, DYE, LEROY 2000, S. 23
[11] vgl. ebd., S. 25-27

3.1.2 Bevölkerungszunahme

Obwohl die Geschwindigkeit des Bevölkerungswachstums seit 1970 langsamer geworden ist, nimmt die Bevölkerung der Erde um jährlich rund 80 Millionen Menschen zu. Einige der Regionen mit den höchsten Zuwachsraten sind zugleich solche, die am stärksten unter Wassermangel zu leiden haben, beispielsweise weite Teile Afrikas oder des Nahen Ostens, aber auch Nordchina, Indien, Mexiko, der Westen der USA, der Nordosten Brasiliens und einige Länder Mittelasiens. Es wird erwartet, dass die Zahl der Länder, die unter Wasserknappheit oder -mangel leiden, von jetzt 26 auf 39 bis 46 im Jahre 2025 steigen wird und demzufolge dann etwa eine halbe Milliarde Menschen betroffen sein werden. Mit der Zunahme der Weltbevölkerung steigt natürlich neben dem Wasserbedarf auch die notwendige Produktion von Nahrung und Energie, was wiederum zu Eingriffen in die Umwelt und letztendlich Verunreinigungen der Ressource Wasser führt und den Wasserkreislauf verändert.[12]

3.1.3 Bewässerung in der Landwirtschaft

Der enorm hohe Anteil der Landwirtschaft am weltweiten Wasserverbrauch geht vor allem zurück auf die extensive Bewässerungswirtschaft vor allem in den Trockenregionen Nordafrikas, des Nahen Ostens, im Westen der USA oder in Afghanistan und im Sudan, wo über 90 % des Wassers von der Landwirtschaft genutzt werden.[13]

Durch Umleitung von Flüssen, Staudämme und Grundwasserpumpen kann heute an nahezu jedem Ort der Welt Landwirtschaft betrieben werden, was zu tiefgreifenden Veränderungen der Ökologie und Hydrologie ganzer Regionen führen kann. Nicht nur, dass Grundwasservorkommen schneller leergpumpt werden als Regenwasser nachsickern kann - vor allem die Versalzung des Bodens stellt die Landwirtschaft vor neue Probleme.

Werden Felder nicht mit völlig salzfreiem Regenwasser getränkt sondern mit Fluss- oder Grundwasser, welche immer in geringem Maße gelöste Salze enthalten, so versalzt der Boden nach und nach und wird unfruchtbar. Besonders, wenn das Wasser lange Zeit steht und nicht abfließen kann oder der Boden nicht durch regelmäßige Monsunregen (wie in Bangladesh) wieder ausgewaschen werden kann. Weltweit ist etwa ein Drittel des künstlich bewässerten Landes von Versalzung bedroht.[14]

---

[12] vgl. ENGELMANN, DYE, LEROY 2000, S. 24-25
[13] vgl. ebd., S. 18-19
[14] vgl. LANZ, KLAUS, Das Greenpeace-Buch vom Wasser, Augsburg 1995, S. 80-90

Die starke Zunahme der zu bewässernden Flächen, welche sich innerhalb des 20. Jahrhunderts vervierfacht haben, ist auch wieder zurückzuführen auf den Anstieg der zu ernährenden Weltbevölkerung.[15]

3.1.4 Leergepumpte Speicher

Wird aus einem Grundwasserreservoir schneller Wasser entnommen, als durch Niederschläge nachfließen kann (Wasserkreislauf), so wird diese Quelle früher oder später versiegen, wie z.B. in der Nordchinesischen Ebene, wo pro Jahr ca. 30 Milliarden Kubikmeter Wasser zuviel abgepumpt werden.[16] Hinzu kommt, dass sich die Pump-Kosten immer weiter erhöhen, je tiefer der Grundwasserspiegel fällt und bisher ausreichend mit Grundwasser versorgtes Land nicht mehr kultivierbar wird.

Die Erschließung fossiler Wasserspeicher ist also immer nur eine zeitlich begrenzte Möglichkeit, Wassermangel auszuschalten. So wird z.B. erwartet, dass sich die vor 10.000 Jahren aufgefüllten fossilen Grundwasserspeicher der Arabischen Halbinsel zwischen 1985 und 2010 halbieren werden, da fast alle Staaten der Region mehr Wasser entnehmen, als nachfließen kann.[17]

3.1.5 Verschmutzung

Sowohl Oberflächengewässer als auch Grundwasserspeicher unterliegen oft Verschmutzungen unterschiedlichen Ursprungs, was letztendlich nach Überschreiten entsprechender Grenzwerte dazu führen kann, dass diese Süßwasserquellen nicht mehr genutzt werden können und etwaige Aufbereitungsmethoden aus Kostengründen nicht einsetzbar sind.

Die größte Verschmutzungsquelle besonders für Grundwasser sind Nitrate und Pestizide, die in der Landwirtschaft zur Anwendung kommen und sich im Boden anreichern.

Chemische Abwässer aus der Industrie und ungeklärte Abwässer aus Wohnsiedlungen, besonders aus den sogenannten „Megastädten" wie Mexiko City oder Bangkok, kommen noch hinzu.[18]

---

[15] vgl. ENGELMANN, DYE, LEROY 2000, S. 19
[16] vgl. ebd, S. 34
[17] vgl. WISSENSCHAFTLICHER BEIRAT DER BUNDESREGIERUNG 1997, S. 74
[18] vgl. HARTJE, VOLKMAR, Die Thematisierung der Wasserknappheit und ihre Wirkungen auf die Wasserpolitik, in: HARTJE, VOLKMAR und ERMEL, HARALD (Hgg.), Wasser-Kultur-Politik. Wechselwirkungen und Optionen, Berlin 1998, S. 4-5.

Weitere Verschmutzungsquellen können aber auch moderne Tiefbrunnen sein, wie etwa in Hamburg, wo durch die Sogwirkung beim Einsatz leistungsstarker Pumpen verschmutztes Oberflächenwasser in die Tiefe gezogen wird und den in 400 Metern Tiefe gelegenen fossilen Wasserspeicher unbrauchbar zu machen droht.

3.1.6 Politische Konflikte

Die zunehmende Brisanz des Themas „globale Wasserknappheit" verdeutlicht sich auch durch die Häufung politischer Konflikte rund um die Wasserversorgung.

Nimmt der Wassermangel in einem Land zu, dessen Versorgung mit Trinkwasser auf Zuflüsse aus angrenzenden Ländern angewiesen ist, so erhöht sich auch die Abhängigkeit von diesen Ländern. Ägypten z.B., welches als letztes vom Nil durchflossen wird, ist abhängig von den 8 vorgelagerten Anrainerstaaten des Nils. Die Dimension dieser Tatsache wird deutlicher, wenn man in Betracht zieht, dass die Bevölkerung Ägyptens, das jetzt schon unter akutem Wassermangel leidet, bis zum Jahre 2025 um 20 bis 37 Millionen auf bis zu 104 Millionen Menschen anwachsen wird.[19]

Während Israel mit Jordanien um das Wasser des Jordan verhandelt und sich die Türkei mit den Unteranliegern des Euphrat um die wasserwirtschaftlichen Bauten am Oberlauf des Flusses in der Türkei streitet[20], existieren auch in Süd-, Südost- und Zentralasien sowohl zwischenstaatliche als auch binnenstaatliche Konflikte.

Der Streit zwischen Pakistan und Indien um die Nutzung des Indus sticht hier besonders hervor, obwohl es bereits seit 1960 eine vertragliche Vereinbarung gibt, die beiden Staaten gleichermaßen die Nutzung des Indus zubilligt.

Auf binnenstaatlicher Ebene seien insbesondere die Streitigkeiten zwischen den indischen Bundesstaaten Karnataka und Tamil Nadu um die Nutzung des Chauvery-Wassers bzw. ebenfalls Karnataka und dem Bundesstaat Andhra Pradesh um den Fluss Krishna genannt.

Trotz der Existenz zahlreicher vertraglicher Vereinbarungen sind potentielle Konflikte um Wasser wegen dessen grundlegender Bedeutung und der hohen Anzahl internationaler Wasserläufe damit nicht aus der Welt zu schaffen.[21]

Neben der Gefahr kriegerischer Auseinandersetzungen um Wasserressourcen ist jedoch noch häufiger ein niedrigeres Konfliktniveau anzutreffen, bei dem beispielsweise durch Verhinderung gemeinsamer Nutzungsrechte wirtschaftliche Interessen des jeweils

---

[19] vgl. ENGELMANN, DYE, LEROY 2000, S. 39-40
[20] vgl. HARTJE 1998, S. 6

anderen Staates blockiert werden oder durch eingeleitete Abwässer laufende Nutzungen beeinträchtigt werden.[22]

3.1.7. Wasserbedingte Krankheiten

Der Mangel an sauberem Trinkwasser ist besonders in den Entwicklungsländern die Hauptursache für die Verbreitung von Infektionskrankheiten wie z.b. Schistosomiasis und Cholera. Hier überschreitet die Verschmutzung der Oberflächengewässer die empfohlenen Grenzwerte für Trink- und Badewasser oft um mehr als das Tausendfache, Kläranlagen oder Zugang zu sauberem Grundwasser sind nicht vorhanden.

Die Krankheiten können zum einen durch Genuss oder Hautkontakt von bzw. mit verseuchtem Wasser auftreten oder durch im Wasser lebende Wirts- oder Überträgertiere verbreitet werden.[23]

Zwischen den Jahren 1990 und 2000 stieg die Zahl der Menschen ohne Zugang zu sanitären Anlagen um 0,71 auf 3,31 Milliarden.

Fast jeder zweite Mensch auf der Welt erkrankt aufgrund quantitativ oder qualitativ schlechter Wasserversorgung, in den Entwicklungsländern ist verschmutztes Wasser die größte Ursache für Kindersterblichkeit.

Während es sich bei den Verschmutzungen in den ländlichen Gebieten der Entwicklungsländer meist um organische Substanzen handelt, werden in den Städten zusätzlich industrielle Schadstoffe, Abgase und auch Reifenabrieb aus dem Straßenverkehr in die Oberflächengewässer geleitet.[24]

3.2 Lösungsansätze und Zukunftsstrategien

3.2.1 Wege aus der Bewässerungsproblematik

Der größte Wasserverbraucher der Welt ist auch gleichzeitig der Schlüssel zu einem riesigen Einsparpotential: Würde die Bewässerungstechnik in der Landwirtschaft komplett auf Tropfbewässerung umgestellt, was in Israel bei gleichbleibendem

---

[21] vgl. HOFFMANN, THOMAS (Hg.), Wasser in Asien. Elementare Konflikte, Osnabrück 1997, S. 226-227
[22] vgl. HARTJE 1998, S. 7
[23] vgl. WISSENSCHAFTLICHER BEIRAT DER BUNDESREGIERUNG 1997, S. 232
[24] vgl. ENGELMANN, DYE, LEROY 2000, S. 46-48

Wasserbrauch zur Verdopplung der Nahrungsmittelproduktion seit 1980 geführt hat, so könnte allein damit der heutige weltweite Wasserbrauch aller Haushalte gedeckt werden.[25] Weitere Einsparmöglichkeiten in der Landwirtschaft bietet die Nutzung von Tau zur Bewässerung, wie z.B. auf den Kanarischen Inseln angewendet. Hierbei versickert der Morgentau in aufgeschüttetem Lavasand. Dadurch wird der Tau vor Verdunstung geschützt und kann von den Pflanzen aufgenommen werden. Durch kleine aufgeschüttete Mäuerchen kann die Taubildung erhöht werden. Zwar nimmt die Vorbereitung des Bodens viel Zeit in Anspruch, da dieser vor der ersten Bepflanzung mindestens 10 Jahre lang mit Tauwasser angereichert werden muss, jedoch ließe sich auf diese Weise auch in den trockensten Gegenden ohne künstliche Bewässerung Landwirtschaft betreiben.[26]

3.2.2 Bewältigung politischer Konflikte

Um wasserspezifische politische Konflikte zwischen Ober- und Unteranliegerstaaten von Flüssen zu bewältigen, gilt es Kompromisse zu finden, die zwischen den beiden folgenden, sich gegenseitig ausschließenden Doktrinen liegen, welche im Völkerrecht beschrieben sind. Zum einen wäre da die „Harmon-Doktrin", welche einem Staat die volle Souveränität über die Nutzung eines durchfließenden Gewässers zubilligt und somit den Oberanliegerstaaten nützt. Dem gegenüber steht die Doktrin der „uneingeschränkten Integrität des Flusses", welche besagt, dass die einem Staat zur Verfügung stehende Menge und Qualität des Wassers nicht durch andere Staaten beeinträchtigt werden darf. Dies käme den Unteranliegerstaaten zugute.

Ein Mittelweg, der die Interessen beider Nutzergruppen berücksichtigt, ist seit 1966 in den „Helsinki Rules on the Uses of Water of International Rivers" festgehalten. Darin wird jedem Anliegerstaat u.a. ein „reasonable and equitable share of the benefical use" zugebilligt sowie die Verpflichtung auferlegt, den anderen Anliegern nicht zu schaden.[27]

Zwar ist bereits 1970 von der Vollversammlung der Vereinten Nationen beschlossen worden, eine Konvention zur Nutzung internationaler Wasserläufe zu verabschieden, die 1997 schließlich zur Ratifizierung vorgelegt wurde. Jedoch ist diese bis heute nicht von einer ausreichenden Zahl von Staaten unterzeichnet worden und noch nicht in Kraft getreten.[28]

---

[25] vgl. ebd., S. 62
[26] vgl. LANZ, KLAUS 1995, S. 90-01
[27] vgl. HARTJE 1998, S. 8-9
[28] vgl. http://untreaty.un.org/ENGLISH/bible/englishinternetbible/partI/chapterXXVII/treaty31.asp (Datum: 18.7.2002)

Selbst wenn diese Konvention mit ihren regulierenden Prinzipien in Kraft treten sollte, müssen zusätzlich immer individuelle Verhandlungen zwischen den betroffenen Staaten zur Konkretisierung der Prinzipien geführt und separate Abkommen geschlossen werden.[29]

3.2.3 Empfehlungen des Beirats der Bundesregierung Globale Umweltveränderungen

Der „wissenschaftliche Beirat der Bundesregierung Globale Umweltveränderungen" macht basierend auf seiner Analyse der weltweiten Süßwasserproblematik in seinem Jahresgutachten 1997 eine Reihe von konkreten Vorschlägen, wie sich die Regierung der Bundesrepublik Deutschland verhalten sollte, um dem Problem der globalen Verknappung der Ressource Süßwasser sowohl national als auch international entgegenzuwirken.

Der Beirat empfiehlt der Bundesregierung, sich dafür einzusetzen, dass in allen Ländern wettbewerbsorientierte Wassermärkte eingeführt werden, um zum einen eine adäquate Preisbildung zu realisieren und zum anderen das Recht auf einen Grundbedarf zu gewährleisten. Die Wasserversorgung solle dezentral gegliedert und damit effizienter sein.

Um das Grundrecht auf Trinkwasser weltweit durchzusetzen, könne die Regierung aktiv dazu beitragen, vor allem für einkommensschwache Schichten in allen Ländern eine individuelle Mindestversorgung an Wasser durchzusetzen, z.B. durch Zuweisung von „Wassergeld" oder kostengünstigen Tarifen für die Wassermenge, welche als Mindestverbrauch errechnet werden kann. Zuvor sollten natürlich die technischen Voraussetzungen für freien Zugang zur Wasserversorgung geschaffen sein.

Der Beirat fordert finanzielle Unterstützung für finanziell überforderte Staaten, Unterstützung kulturspezifischer Bildungsprogramme über den Zusammenhang von Wasser, Gesundheit und Umwelt sowie die Förderung von Pilotprojekten zur gerechten Nutzung grenzüberschreitender Flüsse, um politische Konflikte zwischen Ober- und Unteranliegerstaaten zu vermeiden.

Zur Aufrechterhaltung süßwasserbestimmter Ökosysteme sollte sich die Bundesregierung durch Transfer von Wissen und Technologie für den Erhalt des Lebensraumes Süßwasser einsetzen, die von der UNESCO geschützten Biotope finanziell unterstützen, die Grundwasserentnahme beschränken und Qualitätsziele festlegen, um die chemische Belastung des Wassers so niedrig zu halten, dass es sich noch selbst reinigen kann.

---

[29] vgl. HARTJE 1998, S. 9

Des weiteren empfiehlt der Beirat der Bundesregierung, einen globalen Verhaltenskodex zu initiieren, welcher alle Unterzeichner politisch auf die Bewältigung der Süßwasserkrise verpflichtet sowie eine „Organisation für nachhaltige Entwicklung" ins Leben zu rufen, welche bereits bestehende Institutionen und Umwelt- und Entwicklungsprogramme der Vereinten Nationen zusammenschließen soll, um die Zusammenarbeit zwischen den Staaten zu erleichtern.

Schließlich wird der Regierung geraten, bei entwicklungspolitischen Vorhaben darauf zu achten, Bauern klar definierte Wasserrechte und faire Wettbewerbsbedingungen gegenüber der Wasserwirtschaft einzuräumen, damit sie sicherer planen können, Bildungsangebote zur Vermittlung besseren landwirtschaftlich-ökologischen Wissens zu installieren, verstärkt die Ursachen der Krankheitsverbreitung durch verschmutztes Wasser zu bekämpfen, preisgünstige Techniken zur Entsorgung zu entwickeln, die Gesundheitsversorgung lokal zu unterstützen, zum Beispiel auch durch Hygieneerziehung und die Errichtung wasserbaulicher Großprojekte nur dann zu fördern, wenn ökologische und soziale Rahmen nicht überschritten werden.[30]

4.   Trinkwassermangel in Megastädten

4.1   Grundlegende Probleme

Immer mehr Menschen zieht es in die Städte, vornehmlich wegen des breiteren Angebots an Arbeitsplätzen. Es wird erwartet, dass der in den Städten lebende Anteil der Weltbevölkerung von ca. 45 % im Jahre 1997 bis zum Jahr 2025 auf 61 % steigen wird. Städte werden immer größer, wobei der Definition der UNO zufolge eine Stadt zur „Megastadt" wird, wenn Sie mindestens 8 Millionen Menschen beherbergt. Bis zum Jahr 2020 wird es schätzungsweise 27 Megastädte geben, zur Zeit sind es noch 14. Vom Bevölkerungsanstieg werden wiederum die Städte in den Entwicklungsländern am stärksten betroffen sein, vorrangig in Süd-, Südost- und Ostasien.

Die Versorgung der Bewohner mit sauberem Trinkwasser und die Entsorgung von Abwasser und Müll sind schon jetzt Problemfelder in der Städteplanung, die in Zukunft mit Sicherheit noch viel mehr an Brisanz gewinnen werden.[31]

Hinzu kommt, dass in plötzlich eintretenden Krisensituationen durch Versorgungsmängel, Umweltbelastungen oder Katastrophensituationen innerhalb kürzester Zeit sehr viele

---

[30] vgl. WISSENSCHAFTLICHER BEIRAT DER BUNDESREGIERUNG 1997, S. 13-15
[31] vgl. HOFFMANN 1997, S. 164-165

Menschen in schlimme Not geraten können, besonders in den sozial schwächsten Bevölkerungsgruppen. Weitere Spannungsfelder in Megastädten können sich aus oftmals schlecht koordinierter Verwaltung und Planung ergeben, sowie aus dem steigenden politischen Einfluss der Wirtschaft und der Zunahme von Umweltbelastungen.[32]

Im folgenden werde ich am Beispiel der Megastadt Bangkok erläutern, wie sich die Knappheit der Ressource Süßwasser auf die thailändische Metropole auswirkt und welche Möglichkeiten zur Eindämmung dieser Probleme es derzeit gibt.

4.2 Das Beispiel Bangkok

4.2.1 Spezifische Trinkwasser-Probleme der Megastadt

Bangkok zählt mit seinen derzeit rund 10 Millionen Einwohnern[33] zu den 20 größten Städten der Welt, für die bis zum Jahre 2015 sogar ein Bevölkerungsanstieg auf 12,7 Millionen Einwohner prognostiziert wird.[34]

Obwohl die Stadt durch sehr viel Niederschlag beträchtliche Wassermengen erhält, leidet Bangkok auf mehreren Ebenen unter Wasserknappheit.

Das überwiegend aus dem Oberlauf des Flusses Maenam Chao Phraya entnommene Trinkwasser wird über einen 30 Kilometer langen Kanal nach Bangkok geleitet. Weiteres Trinkwasser kommt über Fernleitungen aus Speicherbecken oder - besonders in ländlichen Gebieten - durch Pumpen aus Grundwasserspeichern.

Von 1980 bis 1990 ist der Grundwasserverbrauch in Bangkok um jährlich 8 % auf 628 Millionen Kubikmeter angestiegen.

Rund 43 % des insgesamt von den städtischen Wasserversorgungsbetrieben bereitgestellten Trinkwassers gehen durch defekte und undichte Leitungen verloren.

Hinzu kommt, dass bei Niedrigständen des Grundwassers oder des Maenam Chao Phraya die Qualität des Trinkwassers gefährdet wird und die Leitungssysteme weiter zerstört werden, da dann Salz- und Brackwasser vom Golf von Thailand her in die Leitungen dringt.

Doch das wohl schwerwiegendste Problem verantworten die Industrieunternehmen der Region, von denen ein Großteil sein Wasser nicht auf regulärem Wege über die Leitungen

---

[32] vgl. KRAAS, FRAUKE, Ressourcenmanagement in der Megastadt: Wasser als Engpassfaktor in Bangkok, zit. nach: HOFFMANN 1997, S. 174

[33] vgl. http://www.auswaertiges-amt.de/www/de/laenderinfos/laender/laender_ausgabe_html?land_id=169&type_id=3 (Datum: 22.7.2002)

[34] vgl. HOFFMANN 1997, S. 165

der städtischen Wasserversorgung bezieht, sondern, begründet durch deutliche Kosteneinsparung, mit Hilfe eigener Pumpen in großem Stile Grundwasserreserven unter der Stadt anzapft. Schätzungen zufolge soll es sich um täglich etwa 1,6 Millionen Kubikmeter Wasser handeln, die private Firmen durch nicht angemeldete Pumpen an die Oberfläche befördern. Die Entnahme dieser enormen Mengen an Grundwasser hat zur Folge, dass sich die gesamte Stadt pro Jahr zwischen 1 und 10 Zentimetern absenkt. Dies wird noch gefördert durch die dichte Bebauung des überwiegend lehmigen Untergrundes, welcher dadurch immer weiter zusammengepresst wird. In der Folge werden die während der Regenzeit überschwemmten Flächen immer größer, wichtige Verkehrswege sind teilweise monatelang nicht nutzbar. Allein 1995 verursachte ein Hochwasser Schäden von etwa 80 Millionen US-Dollar.

Die zahlreichen Kanäle in der Stadt, genannt „Khlongs", welche früher hauptsächlich als Transportwege genutzt wurden, verkommen immer mehr zu Sammeldepots für das von Industrie, Hotels und privaten Haushalten meist ungeklärt eingeleitete Abwasser. Pro Tag beläuft sich diese Menge auf etwa 1,2 Millionen Kubikmeter. Die Umweltschutzauflagen werden von vielen Betrieben umgangen, die Abwässer werden illegal in den Khlongs entsorgt. Durch das Zuschütten zahlreicher Khlongs und den Neubau von betonierten Straßen wurden die einst rege genutzten Fließgewässer nach und nach zu stehenden Gewässern, die nachweislich mit Krankheitserregern verseucht sind, jedoch auch heute noch von ca. einer Million Menschen zum Baden und Waschen gebraucht werden, ja sogar als Trinkwasserquelle dienen. Und auch die Schwermetallbelastung des Maenam Chao Phraya hat in den letzten Jahren enorm zugenommen.

Schließlich werden die Probleme der Stadt noch intensiviert, indem das Ressourcenmanagement Bangkoks von Abteilungen mehrerer Ministerien übernommen wird, die durch unkoordinierte Arbeitsteilung und kaum aufeinander abgestimmte Maßnahmenkataloge eine vernünftige Stadtplanung oftmals behindern. Auch liegen für einzelne Teile der Stadt keine verlässlichen Einwohnerzahlen vor, was die Ermittlung des Trinkwasserbedarfs erschwert, und es fehlt an Personal und politischem Willen, die Industrie zur Unterbindung von Umweltdelikten härter ins Gericht zu nehmen.[35]

---

[35] vgl. KRAAS, FRAUKE, Ressourcenmanagement in der Megastadt: Wasser als Engpassfaktor in Bangkok, zit. nach: HOFFMANN 1997, S. 174-181

4.2.2 Lösungsansätze

Um das Wassermanagement in der Metropole Bangkok auf Dauer zu verbessern, ist eine bessere Organisation und Koordination innerhalb der Verwaltung der Stadt dringend nötig. Verbindliche rechtliche Grundlagen zum Umgang mit Trink- und Abwasser müssen geschaffen und durchgesetzt werden. Der koordinierte Bau von aufwendigen Vorsorgeeinrichtungen zum Schutz vor Hochwasser nach der Überschwemmungskatastrophe von 1983 zeigt, dass in großer Not offenbar doch Handlungsfähigkeit besteht, welche nun allerdings auch mit der rasanten Bevölkerungsentwicklung Bangkoks mithalten und eine für alle gesellschaftlichen Schichten funktionierende Trinkwasser-Infrastruktur schaffen muss. Probleme müssen sachbezogen gelöst werden und dürfen nicht, wie in der Vergangenheit oft üblich, an einzelne Personen gebunden sein.

Notprogramme wie die Trinkwasserbelieferung per LKW oder das Aufstellen von Wassertanks in den Gebieten, deren Haushalte nicht an das Leitungsnetz angeschlossen sind, sind keine dauerhaften Lösungen und bei anhaltendem Bevölkerungswachstum zukünftig auch kaum flächendeckend aufrecht zu erhalten.

Einen ersten wichtigen Schritt zur Verbesserung der Trinkwassersituation hat die Stadtverwaltung seit Beginn der 90er Jahre damit unternommen, einige der Khlongs wieder zu Fließgewässern zu machen, um deren Verschmutzung zu bekämpfen.[36]

Während die regelmäßigen Überflutungen mit Binnendeichen, Pumpwerken, Poldersystemen und verbesserten Drainagesystemen bekämpft werden sollen, gestaltet sich die Lösung der Problematik der Bodenabsenkung schwieriger. Aber auch hier gibt es Lösungsansätze. Ein Team von Wissenschaftlern der Abteilung Isotopengeologie des Göttinger Zentrums für Geowissenschaften untersucht seit November 2000 die Zusammensetzung und das Fließverhalten des Grundwassers im Bangkok-Becken. Zur Vermeidung weiterer Absinkens des Bodens soll gereinigtes Oberflächenwasser mittels Pumpen in die Grundwasserspeicher eingespeist werden. Die Erkenntnisse der Wissenschaftler sollen dazu dienen, das Fließverhalten des Grundwassers zu beobachten und die Wasserzufuhr zu regulieren. Dabei werden sie vom thailändischen Industrieministerium vor Ort mit Mitarbeitern und Sachleistungen und von der UNESCO mit Geldmitteln unterstützt.[37]

---

[36] vgl. KRAAS, FRAUKE, Ressourcenmanagement in der Megastadt: Wasser als Engpassfaktor in Bangkok, zit. nach: HOFFMANN 1997, S. 174-181
[37] vgl. http://thailand-community.de/news220402-1.htm (Datum: 22.7.2002)

5. Resümee und Ausblick

Auf Basis der vorangehenden Betrachtungen ergeben sich zwei grundlegende Erkenntnisse. Zum einen wird die Weltbevölkerung in den kommenden Jahren weiter stark zunehmen, was zur Folge hat, dass die Ressource Wasser immer knapper wird. Zum anderen lässt sich aus jetziger Perspektive die globale Süßwasserknappheit nur durch eine andere und bessere Verteilung der bereits im natürlichen Wasserkreislauf vorhandenen Wassermengen bekämpfen. Sowohl die Entsalzung von Meerwasser als auch die übermäßige Entnahme von Wasser aus nicht-regenerativen fossilen Grundwasserspeichern sind aus ökologischen und finanziellen Gründen keine langfristige zukünftige Lösung.

„Bessere Verteilung" meint in erster Linie die Vermeidung von Wasserverschwendung, sei es in der Landwirtschaft durch bessere Bewässerungstechniken oder durch den Ausbau und die Erneuerung von Leitungsnetzen zur Reduzierung von Verlusten durch undichte Rohre. Aber auch der Verschmutzung durch ungeklärte Abwässer, Chemikalien oder Salzwasser muss Einhalt geboten werden, hier gibt es überall noch reichlich Potential.

Besonders in den Entwicklungsländern, die vom Bevölkerungswachstum und infolge dessen auch vom Wassermangel am stärksten betroffen sind, müssen neben technischen Projekten vor allem auch Maßnahmen ergriffen werden, die jene Bevölkerungsgruppen zu einem besseren Wissensstand bezüglich der Bedeutung von und des Umgangs mit Wasser führen und ihnen eine verantwortungsbewusste Familienplanung ermöglichen.

Auch müssen wasserbedingt voneinander abhängige Staaten als potentielle zukünftige Konfliktherde stärker in den Blickpunkt der Öffentlichkeit gebracht werden, um eben jene drohenden Konflikte bereits im Vorfeld durch von allen Seiten akzeptable Verträge zu vermeiden.

Obwohl die weltweite Wasserproblematik von regional sehr unterschiedlicher Brisanz ist, kann sie nur durch grenzüberschreitende Zusammenarbeit und Hilfe bewältigt werden.

Literaturverzeichnis

ENGELMAN, ROBERT, DYE, BONNIE und LEROY, PAMELA, Mensch, Wasser! Report über die Entwicklung der Weltbevölkerung und die Zukunft der Wasservorräte, 2. aktualisierte und überarbeitete Auflage, Stuttgart 2000.

HARTJE, VOLKMAR, Die Thematisierung der Wasserknappheit und ihre Wirkungen auf die Wasserpolitik, in: HARTJE, VOLKMAR und ERMEL, HARALD (Hgg.), Wasser-Kultur-Politik. Wechselwirkungen und Optionen, Berlin 1998.

HOFFMANN, THOMAS (Hg.), Wasser in Asien. Elementare Konflikte, Osnabrück 1997.

KRAAS, FRAUKE, Ressourcenmanagement in der Megastadt: Wasser als Engpassfaktor in Bangkok, in: HOFFMANN, THOMAS (Hg.), Wasser in Asien. Elementare Konflikte, Osnabrück 1997, S. 174-182.

LANZ, KLAUS, Das Greenpeace-Buch vom Wasser, Augsburg 1995.

MARCINEK, JOACHIM und ROSENKRANZ, ERHARD, Das Wasser der Erde. Eine geographische Meeres- und Gewässerkunde, 2., überarbeitete und erweiterte Auflage, Gotha 1996.

SHIKLOMANOV, IGOR, World Fresh Water Resources, in: GLEICK, PETER H. (Hg.), Water in Crisis: A Guide to the World`s Fresh Water Resources, New York 1993, S. 13-24.

WISSENSCHAFTLICHER BEIRAT DER BUNDESREGIERUNG GLOBALE UMWELTVERÄNDERUNGEN, Welt im Wandel: Wege zu einem nachhaltigen Umgang mit Süßwasser. Jahresgutachten 1997, Berlin Heidelberg 1998.

Internetquellen:

Auswärtiges Amt der BRD:
http://www.auswaertiges-amt.de/www/de/laenderinfos/laender/laender_ausgabe_html?land_id=169&type_id=3 (Datum: 22.7.2002)

Law of the Non-navigational Uses of International Watercourses:
http://www.un.org/law/ilc/texts/nnavfra.htm (Datum: 18.7.2002)

Stadtinformation Stuttgart:
http://www.stgt.com/brunnen/wasserd.htm (18.7.2002)

Status der „12. Convention on the Law of the Non-Navigational Uses of International Watercourses":
http://untreaty.un.org/ENGLISH/bible/englishinternetbible/partI/chapterXXVII/treaty31.asp (Datum: 18.7.2002)

Thailand-Community:
http://thailand-community.de/news220402-1.htm (Datum: 22.7.2002)

United Nations Treaty Collection:
http://untreaty.un.org/ENGLISH/bible/englishinternetbible/partI/chapterXXVII/treaty31.asp (Datum: 18.7.2002)